CONSIDÉRATIONS GÉNÉRALES

SUR L'EMPLOI

DU

CHEVAL HONGRE

AFFECTÉ

AUX TRANSPORTS RAPIDES

DANS LES

AUX SERVICES PUBLICS DES GRANDES VILLES

Par M. BENJAMIN

MÉDECIN VÉTÉRINAIRE BREVETÉ

MEMBRE DE LA SOCIÉTÉ IMPÉRIALE ET CENTRALE DE MÉDECINE VÉTÉRINAIRE

PARIS

TYPOGRAPHIE DE RENOU ET MAULDE

RUE DE RIVOLI, N° 144

1864

CONSIDÉRATIONS GÉNÉRALES

SUR

L'EMPLOI DU CHEVAL HONGRE

CONSIDÉRATIONS GÉNÉRALES

SUR L'EMPLOI

DU

CHEVAL HONGRE

AFFECTÉ

AUX TRANSPORTS RAPIDES

ET

AUX SERVICES PUBLICS DES GRANDES VILLES

Par M. BENJAMIN

MÉDECIN VÉTÉRINAIRE A PARIS,
MEMBRE DE LA SOCIÉTÉ IMPÉRIALE ET CENTRALE DE MÉDECINE VÉTÉRINAIRE

PARIS

TYPOGRAPHIE DE RENOU ET MAULDE

RUE DE RIVOLI, Nº 144

1864

L'EMPLOI DU CHEVAL HONGRE.

Depuis plusieurs années, le commerce et l'industrie des grandes villes prennent un tel essor, que le nombre des chevaux employés aux transports, soit des marchandises, soit du public, va toujours croissant. A Paris notamment, le chiffre des véhicules traînés par des chevaux est si élevé, qu'à certaines heures de la journée la circulation devient d'une difficulté extrême. Malgré tout ce que fait l'administration municipale pour l'élargissement de ses rues et pour la création de grandes artères débouchant dans toutes les directions, elle n'atteint que très-imparfaitement le but qu'elle se propose, par suite de la quantité innombrable et toujours croissante de voitures qui circulent dans cette grande cité. L'impulsion donnée au commerce et à l'industrie est si considérable; l'étendue donnée à Paris, par suite de l'annexion de la banlieue, rend la ville si grande et les courses à l'intérieur si longues, que commerçants et industriels, dans la nécessité où ils sont de se transporter rapidement sur les points les plus éloignés, sont obligés d'avoir recours soit aux voitures publiques, soit à des voitures particulières. Les voitures de luxe, dont le nombre va toujours en augmentant; le transport des marchandises, employant depuis quelques années beaucoup plus de voitures qu'autrefois; et les nombreuses constructions en cours d'exécution, nécessitant un transport considérable de matériaux sur tous les points de la capitale, il en résulte un accroissement continuel de chevaux et de voitures circulant sur la voie publique.

Cette circulation est rendue d'autant plus difficile, sinon dangereuse, que depuis quelques années aussi, sous prétexte de disposer d'une force plus en rapport avec le poids à traîner, le service des voyageurs, le transport des marchandises légères, comme celui des lourdes, tout, ou presque tout se fait au moyen de chevaux entiers.

Bien que le cheval entier n'occupe pas sur la voie publique plus de place que le cheval hongre, il y est généralement plus bruyant, plus indocile, moins facile à manœuvrer, et plus dangereux dans les embarras sans cesse renaissants de nombreuses voitures concentrées sur un point quelconque. Il est moins patient à attendre qu'on le mette en marche, et il occasionne fréquemment des accidents de nature fort grave, qu'on évite presque toujours par l'emploi du cheval hongre. Aussi l'administration supérieure, sans imposer quoi que ce soit aux entrepreneurs de services publics ou aux industriels utilisant un grand nombre de chevaux, les a souvent invités à essayer de remplacer le cheval entier par le cheval hongre, espérant ainsi éloigner les dangers qui résultent chaque jour de la présence, dans nos rues, d'un aussi grand nombre de chevaux entiers.

Les grandes administrations de voitures publiques ou de transports nécessitant l'emploi de beaucoup de chevaux, malgré la volonté qu'elles peuvent avoir d'obtempérer aux désirs de l'administration supérieure, en sont empêchées par deux raisons qui leur semblent irréfutables : 1° la crainte de ne pas disposer d'une force suffisante en employant le cheval émasculé; 2° la grande difficulté éprouvée par elles pour se procurer aujourd'hui un assez grand nombre de chevaux hongres aptes à leurs services.

Le jour où ces deux questions seront résolues expérimentalement, c'est-à-dire quand les grandes entreprises seront sûres que le cheval hongre est largement suffisant, comme force et comme aptitude, à fournir le service qu'elles obtiennent du cheval entier; quand, en outre, on pourra facilement se procurer le cheval hongre, comme on se procure l'entier, tout prêt à être mis en service; ce jour-là, disons-nous, le cheval entier sera beaucoup moins recherché par elles, car il ne faudra pas longtemps pour reconnaître qu'avec les qualités d'aptitude et de force il y aura encore un immense avantage à donner la préférence au cheval hongre, tant sous le rapport pécuniaire que sous celui de l'amélioration de nos races françaises; amélioration à laquelle tout consommateur de chevaux est intéressé au plus haut point.

Ce sont tous ces avantages que nous voulons essayer de faire ressortir, afin qu'un jour, si l'expérience démontre, comme nous en avons la certitude, que la plupart de nos services publics des grandes villes peuvent se faire avec le cheval castré, on ne recule pas devant son emploi ; et que, par contre, le cheval entier soit réservé pour les travaux qui non-seulement demandent une très-grande force musculaire, mais encore une énergie et une vigueur qu'on chercherait vainement chez le cheval privé de ses organes sexuels.

En tête d'un mémoire adressé à la Société centrale de médecine vétérinaire et publié à la suite du concours de 1848, nous disions : « Dans « l'état actuel des choses, châtrer le plus grand nombre possible de « jeunes chevaux, c'est faire un pas immense vers l'amélioration de « l'espèce chevaline. » Bien qu'aujourd'hui quinze années se soient écoulées depuis la publication de ce travail, on peut encore tenir le même langage et affirmer que, si la castration était plus répandue chez les éleveurs, nos races, et notamment nos races de travail, s'amélioreraient de beaucoup. Nous disons nos races de travail ; c'est d'elles seulement, en effet, que nous voulons nous occuper en ce moment, car en ce qui concerne nos races de luxe et de cavalerie, il faut le reconnaître, les efforts de l'administration des haras ont été couronnés de succès. De ce côté, il y a depuis quelques années déjà une notable amélioration ; au point que, si ce n'était la mode de passer le détroit pour introduire chez nous le cheval anglais, nous dirions que notre pays est assez riche en bons et beaux chevaux de luxe, pour que nous cessions d'être tributaires de l'Angleterre. Mais, à la mode et au goût des gens, on ne peut opposer que la froide raison, laquelle est trop souvent méconnue. Laissons donc les Anglais user nos chevaux normands, et les Français, quelque peu anglomanes, user le cheval anglais.

Il est évident, disons-nous, que la castration généralisée serait un puissant moyen d'améliorer nos chevaux de travail. En effet, voyons ce qui se passe dans les pays d'élève, voyons comment et avec quels soins se font les accouplements, comment l'éleveur comprend son intérêt, comment il se trompe souvent lui-même aux dépens de sa bourse ; et nous serons forcément amenés à reconnaître que si le cheval hongre était plus demandé et plus recherché, nos races en subiraient une influence modificatrice tout en leur faveur ; et qu'en outre, dans peu d'années, les consommateurs de chevaux hongres ou entiers auraient à leur disposition des animaux bien supérieurs à ceux livrés aujourd'hui par le commerce.

A l'époque de la monte, les dépôts d'étalons du ressort de l'administration des haras internent dans les localités de leur circonscription des chevaux de choix, aptes à donner d'excellents produits, s'ils étaient convenablement accouplés. Malheureusement ces accouplements ne sont que peu ou point réglés; toutes, ou presque toutes les juments sont admises à la saillie. Le garde-étalons donne le cheval qu'on lui demande, ou bien il conseille tel ou tel, suivant ses connaissances, généralement assez bornées. Il en résulte que l'administration des haras, elle-même, si jalouse de bien faire, produit souvent, trop souvent, hélas! de mauvais chevaux, impropres au travail pénible et de construction trop défectueuse pour le service du luxe.

Chez un très-grand nombre de petits éleveurs, et nous savons qu'en France le grand et bon éleveur est encore rare, les choses se passent plus mal encore. D'abord celui auquel on donne si généreusement le nom d'éleveur n'est pas toujours un homme intelligent. Il est généralement avare et ignorant, deux défauts avec lesquels, comme on l'a dit bien des fois, il est impossible de bien produire. Pour celui-ci, tout cheval est bon. Ce n'est pas lui qui conduira ses juments aux étalons de l'État; il attendra chez lui que des chevaux reconnus ou non reconnus, primés ou non primés, vigoureux ou épuisés par de nombreuses saillies, lui soient amenés pour faire couvrir ses poulinières. Il ne tiendra aucun compte de la conformation, des tares ou des défauts de caractère de l'étalon. Tout ce qu'il veut, c'est un produit qu'il vendra tout jeune ou qu'il fera travailler de deux à cinq ans, époque à laquelle il le conduira en foire. Mais que ce produit, si c'est un mâle, soit bon ou mauvais, il se gardera bien de le castrer. Il se dira en agissant ainsi : Je n'ai pas à courir les chances de pertes par suite de cette opération; puis il se peut que je vende mon produit comme étalon, et par conséquent un prix élevé. Puis enfin le commerce ne demande pas de chevaux hongres, il n'y a donc pas nécessité de lui en préparer.

C'est par suite de ce raisonnement, qui est aujourd'hui celui des grands et des petits éleveurs, que les marchands livrent au commerce et à l'industrie des chevaux entiers très-inférieurs ; et ensuite que nos campagnes regorgent de mauvais étalons qui, saillissant à droite et à gauche un grand nombre de poulinières, ne donnent que des chevaux de mauvaise qualité et ayant, en somme, coûté aussi cher que de bons. Si donc la castration était plus répandue, si le commerce et l'industrie, appréciant bien les avantages résultant de l'emploi du cheval hongre, demandaient ce dernier à nos éleveurs, ceux-ci étant obligés de produire de bons chevaux et de les castrer dans le jeune âge, le nombre des mauvais étalons serait bien vite diminué, et nos juments ne seraient plus saillies que par des chevaux de choix, ou, tout au moins, par ceux qui seraient conformés de façon à laisser espérer d'en faire de forts et vigoureux animaux, ou de bons étalons, et à ces titres, par conséquent, laissés entiers.

Mais pour que les industriels, les commerçants, les entrepreneurs de transports légers et de services publics entrent dans cette voie, et que voulant, dans leur intérêt futur, concourir à l'amélioration du cheval de travail, en employant le cheval hongre pour leurs travaux, il faut qu'il leur soit démontré que ces mêmes intérêts ne seront pas compromis, et mieux encore, qu'ils auront, sous bien des rapports, des avantages réels à se servir du cheval émasculé.

La préférence accordée aujourd'hui au cheval entier repose sur cette conviction, à savoir : que le cheval entier est plus fort, plus vigoureux et plus vite que le cheval hongre. Si la comparaison s'établissait entre les uns et les autres, du même âge, de la même construction et du même pays, deux de ces assertions seraient au moins fort contestables : mais là n'est pas la question. Il s'agit de savoir si la plupart des services qui n'emploient aujourd'hui que le cheval entier ont besoin, pour être bien faits, de cette force considérable et de cette vitesse qu'ils recherchent avec tant d'empressement ; ou bien s'ils n'obtiendraient pas un aussi bon travail, et plus de bénéfices, en se servant du cheval hongre construit de manière à réunir suffisamment de force et de vitesse pour, avec les autres qualités qui le distinguent, être préféré à l'entier.

Partout, avec les besoins sans cesse renaissants de locomotion rapide, le nombre de voitures s'est augmenté. Puis, pour remédier à l'insuffisance du nombre encore au-dessous des besoins, ou a eu recours à l'augmentation du volume. Ainsi, pour ne parler que des omnibus de l'intérieur de Paris qui, en 1825, étaient de simples chars-à-bancs très-légers et découverts, ne les avons-nous pas vus se transformer peu à peu en voitures couvertes, plus lourdes, et plus en rapport avec les besoins? Puis enfin, aujourd'hui, leur volume et leur disposition sont tels que les voyageurs occupent, non-seulement l'intérieur de la voiture, mais encore son impériale ; de sorte que lorsqu'une de ces voitures est au complet, elle transporte vingt-huit personnes, et pèse environ 2,700 kilogrammes. Sans doute ce poids est considérable ; sans doute, pour le trainer d'un bout à l'autre de la ligne, satisfaire à de fréquents temps d'arrêt et à autant de reprises pour les départs, il faut deux bons et forts chevaux. Mais est-il démontré que ce travail, tout pénible qu'il est, exige tant de force et de vigueur, qu'il ne puisse être fait que par des chevaux entiers? Nous ne le pensons pas. Et si nous admettons que le service des omnibus de Paris peut être fait avec des chevaux hongres, il en sera de même, et à plus forte raison, de tous les services particuliers, consistant·à trainer des voitures légères et peu chargées de marchandises, que l'on voit tous les jours attelées de chevaux entiers. Ces transports réclament-ils, pour la plupart, autant de force, et cette dernière se trouve-t-elle utilement dépensée? Non. De même aussi dans Paris le service de la poste aux lettres, service fait pendant bien longtemps avec de forts et vigoureux chevaux entiers, rejetés aujourd'hui en grande partie, et qui consiste à trainer, avec vitesse il est vrai, des fourgons peu chargés, des voitures de facteurs à quatorze places seulement, et d'autres petites dites tilburys d'un poids insignifiant. Encore et sur la même ligne, un service établi tout récemment dans Paris, le factage parisien, monté avec des chariots légers et des voitures fermées, qu'un cheval hongre conduirait parfaitement. Puis encore le service télégraphique qui se fait avec des chevaux entiers et de petits tilburys à deux places, d'une légèreté telle que le plus petit poney suffirait. Et toutes les voitures-omnibus desservant les gares de chemins de fer, attelées aujourd'hui de forts et magnifiques chevaux entiers, ne seraient elles pas tout aussi bien conduites avec de bons chevaux hongres; et est-il bien nécessaire, et toujours sans danger, de se donner le luxe d'une force et d'une vigueur si inutiles et si peu utilisées? Et enfin, tant et tant d'autres services dont beaucoup, ne pouvant, par motif d'économie, aborder le cheval entier de choix, et repoussant par système le cheval hongre, n'ont et ne peuvent avoir à leur disposition que de mauvais chevaux entiers achetés au rebut des foires et des marchés, et qui seraient avantageusement remplacés par ceux que, précisément, on juge comme indignes ou incapables.

Nous ne contestons pas que, pour donner satisfaction à une grande partie des services ci-dessus énumérés, il est indispensable d'avoir de bons et solides chevaux, durs à la fatigue, résistants, aptes à traîner avec rapidité des poids considérables; mais nous pensons aussi que toutes ces qualités peuvent se rencontrer à un degré suffisant chez le cheval hongre châtré jeune, bien élevé, bien choisi et bien acheté, et que les compagnies et les exploitations, qui se servent aujourd'hui exclusivement du cheval entier, trouveraient des avantages nombreux à revenir de leurs préventions à l'égard du cheval émasculé. Pour en être bien persuadé, il suffit d'avoir suivi les uns et les autres pendant plusieurs années, depuis leur entrée dans une administration quelconque, jusqu'au jour de la mise à la réforme; d'avoir, pendant ce laps de temps, comparé leur travail, leur entretien, les dépenses occasionnées par les uns et les autres, le degré d'usure au moment de la retraite; les chances de maladies, leur gravité et les incapacités de travail, tant chez les hommes que chez les chevaux, résultant d'accidents survenus dans les écuries ou au dehors par suite de l'indocilité des uns ou des autres.

Le cheval acheté pour le service au trot dans Paris ou dans toute autre grande ville, y arrive généralement à l'âge de cinq ans, quelquefois plus jeune, rarement plus âgé. Qu'il soit entier ou hongre, il provient presque toujours des contrées suivantes : la Normandie, le Perche, la Bretagne, la Picardie, les Ardennes champenoises, le Luxembourg et le Hainaut. Il arrive toujours gras et plein de santé;

mais suivant qu'il provient de telle ou telle de ces contrées, cet embonpoint et cette santé sont durables ou éphémères. Ainsi la Normandie qui, certes, nous donne de bons et magnifiques chevaux de travail, livre des animaux qui, à cinq ans, n'ont encore presque pas mangé d'avoine, et sont, par cette raison, tendres, délicats et longs à se faire à nos services. Le cheval percheron nous arrive plus engrainé, c'est-à-dire qu'ayant un peu plus travaillé que le normand, on lui a donné aussi un peu plus de grain ; mais, malgré cet avantage, il est à cinq ans très-délicat aussi et a besoin d'être ménagé beaucoup au commencement du service. Du reste, l'expérience démontre que ce n'est guère qu'après six à huit mois d'un service léger et peu rémunératif, qu'on peut commencer à tirer profit des normands et des percherons.

De ces deux provinces, et même de la Bretagne, on ne reçoit que des chevaux entiers. Si, parmi eux, se trouvent quelques chevaux hongres, on peut affirmer que ce sont des animaux châtrés tard, et cela, presque toujours, pour cause de méchanceté. Ces animaux, qui ont subi cette opération vers l'âge de quatre à cinq ans, l'ont difficilement supportée, par suite de leur état de faiblesse musculaire, due à une alimentation dans laquelle le grain n'entre que très-peu. Ces chevaux hongres sont bien inférieurs, à vrai dire, aux chevaux entiers de même provenance ; ils font tache au tableau, et, par la suite même, ne deviennent que très-rarement et très-difficilement de bons chevaux. Toute la raison en est dans ces mots : mal nourris, châtrés trop tard.

Mal nourris. — N'est-il pas, en effet, démontré que la nourriture abondante et fortifiante donnée avec raison, mais sans parcimonie dans le jeune âge, contribue au développement de toutes les parties du corps ; et qu'avec le plus ou moins, en matière d'alimentation, on peut résoudre la plus grande partie du problème de la fabrication du bon ou du mauvais cheval ?

Châtrés trop tard. — La castration, et cela est démontré par l'expérience, pratiquée dans le tout jeune âge, n'influe en rien sur le développement et la force musculaire du cheval. Seulement, l'animal châtré jeune prend moins d'encolure, est moins chargé de muscles et plus léger d'avant-main que celui châtré tard ; par conséquent aussi, plus propre au service du trot. Lorsque cette opération est pratiquée sur le cheval de quatre à cinq ans, élevé dans les plantureuses prairies de la Normandie, elle a des effets déplorables : force, vigueur, énergie, courage, tout enfin fait défaut à cet animal. Il reste toute sa vie un mauvais cheval, ou, tout au moins, un cheval de qualité médiocre.

Pourtant il faut le reconnaître, parce que les faits de tous les jours sont là, sous les yeux, évidents et palpables. Dans certaines conditions, la castration tardive n'amène de changements que dans le caractère de l'animal : c'est lorsque le cheval entier, mis en service à cinq ans, étant bien entretenu, bien nourri, possédant une grande force musculaire et travaillant tous les jours, devient méchant envers ses camarades. Force est alors de le castrer. Dans ce cas, mais dans ce cas seulement, s'il n'a pas plus de sept à huit ans, il restera ce qu'il était : bon cheval, travaillant bien et s'entretenant en parfait état. Ses muscles durs et dépourvus de tissu adipeux, sa constitution robuste, éprouvée par le travail, lui permettront de supporter les effets de cette opération, et le plus ordinairement son caractère sera modifié au point de pouvoir l'utiliser aussi bien que s'il avait été hongré dans le tout jeune âge. Mais ce n'est là qu'une mesure tout exceptionnelle, qui ne saurait être prise en considération que pour le cheval reconnu vicieux, et qui ne peut entrer qu'accidentellement en ligne de compte dans la question que nous traitons.

Bien que la Normandie, le Perche et la Bretagne soient en possession des éléments nécessaires pour nous faire d'excellents chevaux hongres, ces contrées ne nous en livrent, comme nous l'avons dit, qu'un très-petit nombre laissant encore beaucoup à désirer. Ce n'est donc pas avec ces minces ressources que nous pouvons conserver l'espoir de monter nos services publics. Ajoutons pourtant que nous sommes convaincu que le jour où le commerce et l'industrie demanderont à ces contrées le bon cheval hongre de cinq ans, les éleveurs, forcés de satisfaire la demande, changeront leur mode d'élevage. Ils se hâteront de châtrer leurs jeunes chevaux, et s'ils continuent à leur refuser le grain, au moins livreront-ils des chevaux doux de caractère et affranchis depuis longtemps déjà de l'influence fâcheuse de l'émasculation ; et, partant, aptes à recevoir chez nous une alimentation tonique propre à fortifier et à augmenter la puissance musculaire.

Dans les départements de la Marne, dans celui des Ardennes, dans le Luxembourg, dans le Hainaut, le mode d'élevage n'est plus le même que dans le Perche et la Normandie. Les grands éleveurs, quoique peu nombreux dans ces deux dernières contrées, sont ici bien plus rares encore. Les chevaux naissent chez le petit cultivateur ; celui-ci possède ordinairement de trois à cinq chevaux, et n'entretient que des chevaux hongres qui ont été castrés de dix-huit mois à deux ans au plus tard. À cet âge, et forcé qu'il y est par le nombre restreint de ses chevaux, il les fait travailler modérément et leur donne du grain. Ce petit cultivateur vend invariablement un ou deux chevaux chaque année ; il les vend à l'âge de cinq ans à un prix plus ou moins élevé, suivant la force et la taille des animaux. Celui qui, par sa force et sa construction, peut entrer en parallèle avec le cheval entier employé aujourd'hui à nos services publics, se vend de 700 à 900 francs, et revient toujours, rendu dans nos établissements, de 100 à 150 francs meilleur marché que le cheval entier de choix.

Dans ces contrées, on peut le dire, la fabrication du cheval hongre est une spécialité ; on n'en conserve que peu ou point d'entiers. En outre, ils n'ont pas, comme ceux de la Normandie, travaillé toujours au pas ; le cultivateur les dresse à trotter en les mettant à sa propre voiture ; de sorte que, lorsqu'ils passent entre nos mains, l'allure que nous leur demandons leur est familière. Ces animaux n'ont pas, il est vrai, des formes aussi gracieuses que celles des chevaux avec lesquels nous les comparons ; mais ils s'en distinguent par d'autres qualités qui compensent largement leurs défauts plus apparents que réels.

Beaucoup d'autres contrées de la France peuvent aussi nous fournir de bons et parfaits chevaux hongres. Si, à l'exemple de celles citées plus haut, elles n'en font rien, c'est parce que cette marchandise ne leur est point demandée. Nous pensons qu'avec la volonté, et sans sortir de la France, on pourrait, d'ici à quelques années, se procurer la plus grande partie des chevaux hongres nécessaires à nos services publics des grandes villes ; il suffirait, pour cela, de le demander à l'éleveur. Le marché ne doit et ne peut raisonnablement dominer la demande; c'est la demande qui doit dominer le marché. Que l'industrie et le commerce réclament de celui qui les élève, soit par la voie de la presse, soit par la voie des municipalités, des chevaux forts et castrés de bonne heure ; et bientôt ces éleveurs, comprenant bien leurs intérêts, se hâteront de leur donner satisfaction. Il n'est pas de moyen au monde plus sûr, pour se procurer ce qui manque, que d'en provoquer la fabrication. L'administration des haras, elle-même, toujours sur la brèche lorsqu'il s'agit d'être utile en matière chevaline, ne fera pas défaut, et comprenant bien, comme elle l'a déjà prouvé plus d'une fois , que généraliser l'emploi du cheval hongre c'est hâter l'amélioration de nos races , elle s'empressera d'employer tous les moyens dont elle dispose pour décider l'éleveur à entrer dans la voie de la castration hâtive et des accouplements raisonnés et intelligents. Les écoles de dressage, par leur contact continuel avec les grands et bons éleveurs, peuvent facilement modifier leurs idées ou redresser leurs erreurs ; et les Comices agricoles, de leur côté, peuvent aussi donner à la production du cheval hongre, sur nos marchés, une impulsion des plus favorables, en primant volontiers les chevaux châtrés jeunes et présentés à quatre ou cinq ans avec les aptitudes propres aux services publics et aux transports au trot dans nos grandes villes.

Aujourd'hui, le cheval hongre, tel que nous le désirons pour nos besoins , existe. Celui que nous tirons des Ardennes champenoises réunit toutes les qualités que nous recherchons. Il est volumineux. fort et léger. Il résiste très-bien à la fatigue, et peut rivaliser avec le bon cheval entier. Ses qualités peuvent encore s'augmenter par des soins apportés aux accouplements et à l'élevage ; mais c'est bien plus la quantité que la qualité qui nous manque. Or, en matière chevaline, comme en matière de production quelconque, lorsque la qualité existe et que la quantité seule fait défaut, la question est résolue : ce n'est plus qu'une affaire de temps, de soins et de volonté.

On a dit, et l'on soutient encore aujourd'hui, que le poids donné aux voitures publiques, le mauvais état du pavé et le remaniement presque quotidien du macadam, sont des obstacles à l'emploi du cheval hongre. Cette opinion peut paraître fondée pour les personnes qui ne suivent pas, comme nous le faisons tous les jours, le travail des chevaux d'omnibus aussi bien que celui d'autres services plus ou moins pénibles. Pour nous, qui voyons de très-près quels soins président à la construction et au montage des voitures, et la facilité avec laquelle elles sont traînées sur certaines lignes par des chevaux hongres, nous sommes, au contraire, convaincu de la possibilité de n'employer qu'exceptionnellement le cheval entier. Et, en effet, depuis l'année 1855, époque à laquelle toutes les lignes d'omnibus de Paris se sont fusionnées, nous suivons avec le plus grand soin le travail comparatif des uns et des autres, et nous croyons être suffisamment autorisé à émettre cet avis : que, pour la plupart des services publics des grandes villes, le cheval hongre est largement suffisant.

Nous ferons connaître maintenant toutes les raisons qui militent en faveur de cette opinion, et les avantages que trouveraient les compagnies ou les grandes entreprises dans l'emploi d'un cheval réunissant, si l'on peut s'exprimer ainsi, les qualités physiques aux qualités morales.

Au point de vue du service que l'on peut tirer du cheval pendant la période de temps qui s'écoule de l'âge de cinq à douze ans, époque à laquelle la plupart des chevaux ne rendent plus que de faibles services, l'étude comparative que nous avons faite du travail donné par le cheval entier et par le cheval hongre est tout en faveur de ce dernier. Une fois habitué au travail de nos grandes villes, ce cheval, s'il est d'une bonne constitution, fort, d'une taille un peu au-dessus de la moyenne et bien conformé, résiste plus longtemps et s'use moins vite que l'entier. Sa nature calme se prête admirablement à son bon entretien et le préserve d'une foule de maladies et d'accidents qui sont, en général, le partage du cheval entier, et qui, chez lui, constituent des causes de fatigue et d'usure prématurées. Étant par sa nature plus docile, et mis en dressage dès son arrivée dans nos administrations, il se prête plus facilement à ce qu'on lui demande, et son éducation en est d'autant plus aisée, par conséquent plus prompte et moins onéreuse. Le cheval entier est, lui, plus impressionnable, s'irrite facilement des obstacles qu'il rencontre sur la voie publique, et présente plus de difficultés au dressage.

Dans les grandes exploitations qui consomment annuellement beaucoup de chevaux, on ne peut que très-imparfaitement établir leur durée moyenne, parce que les administrateurs, sagement prévoyants, ne les laissent jamais s'user au point de n'avoir plus de valeur. Dès qu'un cheval, fatigué sur ses membres, commence à s'arquer, ou que ses allures se raccourcissent, il est réformé et vendu pour la culture à un prix suffisamment élevé pour permettre de le remplacer à peu de frais nouveaux. C'est par un renouvellement aussi fréquent et aussi bien compris que les grandes entreprises de voitures publiques arrivent à avoir toujours en service de bons et vigoureux chevaux qui font l'admiration du public, et surtout des étrangers qui visitent la capitale.

Les choses se passent de cette façon dans les administrations dirigées avec discernement et par des hommes compétents ; mais, il y a peu d'années, il n'en était pas toujours ainsi. Aujourd'hui même, on pourrait citer bien des exploitations de deuxième ordre où l'on use les chevaux jusqu'à épuisement presque complet de leurs forces et de leurs moyens. C'est alors qu'il est facile de constater qu'à travail égal, le cheval hongre arrive au bout de cette carrière avec bien moins de fatigue et d'usure. S'il a été, comme l'entier, bien nourri, bien entretenu, bien gouverné, on verra que de tous ces soins il reste encore quelque chose ; tandis que le cheval entier est tout à fait usé et sans valeur vénale. Cette précieuse qualité du cheval hongre à se conserver solide et apte au travail plus longtemps que l'entier ne saurait être mise en doute, quand on voit des chevaux et des juments de réforme, provenant de nos régiments d'artillerie ou du train des équipages, âgés de douze à quinze ans et plus, fournir encore pendant plusieurs années un bon service au trot. Avant la fusion de toutes les lignes d'omnibus de Paris, plusieurs administrations, en quête du bon marché, admettaient très-volontiers ces rebuts de l'armée et en retiraient, parfois encore, de bons et longs services.

Nous disons donc que le bon cheval hongre, bien amené à l'âge du travail pénible, vit plus longtemps que le cheval entier, et par conséquent peut rendre plus de services. Il est moins sujet, avons-nous dit, aux accidents et aux maladies, moins impressionnable aux influences extérieures. Il est, il est vrai, moins ardent au travail ; mais, comme on le verra plus loin, si, par sa construction et sa force, il peut suffire à ce travail, ce défaut deviendra chez lui une qualité précieuse, puisqu'il concourra à sa conservation.

Dans les exploitations où l'on emploie concurremment chevaux hongres et entiers, l'examen des uns et des autres, sous le rapport de l'âge et de l'usure, démontre que les plus âgés et les mieux conservés sont ceux dont les organes sexuels ont été enlevés. Si l'on consulte les registres d'entrée et de sortie, on voit que les chevaux entiers se renouvellent dans une proportion bien plus grande que les hongres : toutes choses qui s'expliquent par la nature calme et placide de cet animal, et par la façon dont il se comporte pendant tout le temps du travail qu'on lui demande.

Au service du trot, le cheval émasculé est bien préférable au cheval entier. Il fournit sa course avec autant de vitesse qu'on peut en désirer sur nos voies publiques ; il est plus calme, se tracasse peu et cherche bien rarement querelle à son camarade ; il est moins fougueux et moins ardent. A un moment donné, lors d'un pas difficile à franchir, il enlèvera peut-être la charge avec moins de vigueur ; mais si cette dernière est sagement calculée et ne dépasse pas ses forces, il en viendra à bout sans s'exposer, comme le fait souvent le cheval entier, à des accidents qui équivalent à l'usure ou à la destruction, tels que : efforts de jarrets ou de tendons, hernies, chutes violentes, etc. Voyez deux attelages ayant le même poids à traîner, l'un composé de chevaux entiers, l'autre de chevaux hongres : le premier plaît mieux à l'œil, les deux chevaux sont ardents et fiers, ils donnent de toute leur force dans le collier, se cramponnent fortement sur le sol avec leurs pieds postérieurs, sont indociles aux points d'arrêts, difficiles à maintenir au départ, et presque toujours en mouvement à la station. Ils nécessitent une grande surveillance et, malgré elle, occasionnent assez fréquemment, sur la voie publique, des accidents que tout le monde déplore et que les entrepreneurs de services publics cherchent à éviter par tous les moyens possibles. L'attelage composé de chevaux hongres a une tout autre physionomie : il est moins gai, l'œil est moins satisfait, mais les chevaux sont calmes, plus faciles à conduire ; ils subissent plus facilement les temps d'arrêts, se reposent à la station, ne donnent lieu à aucun accident, et ne réclament qu'une surveillance très-restreinte.

Cette question des accidents occasionnés sur la voie publique par l'indocilité du cheval entier n'est pas aussi peu importante qu'on pourrait le supposer. Les administrations de transports ou de voitures publiques, naturellement responsables du dommage causé, mettent aujourd'hui tout en œuvre pour les éviter. Ainsi, le harnachement des chevaux a subi, depuis quelques années, d'heureuses modifications. Il est tel aujourd'hui, qu'on évite les ruades violentes qui brisaient les voitures, et malheureusement aussi blessaient quelquefois les voyageurs. Les chevaux mordeurs sont munis de muselières pendant qu'ils sont à la voiture, et d'une chaine de sûreté à l'écurie pendant le service des palefreniers. Aujourd'hui, on pousse l'emploi des moyens de sûreté jusqu'à faire châtrer les chevaux trop indociles, à la première faute qu'ils commettent. Tous ces moyens très-louables, mais aussi très-coûteux, et dont il faut savoir gré à ceux qui les mettent en usage, peuvent être écartés, aussi bien que les accidents, par l'emploi du cheval hongre, qui fournit son travail en donnant à son maître toute la force dont il dispose, sans ressentir, comme le cheval entier, le besoin de dépenser un excès de force, en se livrant à des mouvements insolites en dehors de ce même travail.

Dans les écuries, les accidents ont aussi une certaine fréquence. Le personnel des palefreniers se compose, en général, d'hommes assez peu soigneux, enclins à l'ivrognerie et à la brutalité envers les animaux qui leur sont confiés. Aussi sont-ils assez souvent victimes de ces accidents, tels que : coups de pieds et morsures, accidents quelquefois très-graves pour eux, et toujours onéreux pour les administrations. Dans les écuries exclusivement habitées par des chevaux hongres, ces accidents sont beaucoup plus rares ; les hommes qui les soignent, ayant affaire à des animaux calmes et inoffensifs, sont moins excités à la colère, et il en peut résulter un amendement dans leurs mœurs et dans leurs habitudes. Considérons, en outre, que, dans les écuries, le cheval hongre demande un peu moins de place que l'entier, beaucoup moins de surveillance, et qu'il détruit moins autour de lui. Ces raisons qui, pour nous, auraient une grande valeur, ne sont, aux yeux de bien des gens, que d'une importance très-secondaire. Ils trouvent que l'aspect d'une écurie peuplée de chevaux entiers est plus gai. Ils sont heureux de voir des animaux remuants, attentifs aux bruits extérieurs, joueurs, redressant la tête et les oreilles aux moindres mouvements de leurs voisins, hennissant fréquemment, et demandant à être surveillés de très-près pour éviter les accidents. Ne s'attachant qu'au côté futile des choses, ces personnes refusent d'en raisonner le sérieux, et n'ont d'autres raisons à donner de l'entretien coûteux qu'elles font du cheval entier que leur véritable goût prononcé pour cet animal.

Tout à l'heure nous parlions de la force du cheval et de la manière dont on l'utilise. A cette occasion, nous nous permettrons une petite digression qui ne sera pas déplacée ici.

Ce n'est point avancer une opinion entachée d'exagération, ou d'erreur, en disant : qu'à Paris on épuise et on use très-promptement le cheval de travail, sans retirer de lui tout ce qu'il peut donner de bon service, et en le laissant dépenser une très-grande partie de ses forces sans profit pour personne, et au détriment de sa propre durée.

Ainsi, un des principaux motifs d'usure et de fatigue sont les temps d'arrêts nombreux que doivent subir dans Paris les chevaux attelés, à cause des embarras sans cesse renaissants, et des encombrements de chevaux et de voitures sur la voie publique. Ces temps d'arrêts sont encore multipliés pour les chevaux d'omnibus par le mouvement de montée et de descente des voyageurs sur tous les points de la ligne. Ils ne peuvent s'exécuter qu'en retenant fortement la voiture, et cela aux dépens d'une grande force musculaire et d'une extrême fatigue des jarrets. Pour repartir, si les chevaux sont obligés d'enlever la charge, comme cela a lieu souvent dans le cours d'une seule course, au milieu d'une montée, ils se cramponnent avec force sur le pavé, recouvert presque en tout temps d'une couche peu épaisse de boue humide qui le rend glissant ; et font ainsi des efforts tellement considérables, qu'il en résulte trop fréquemment, comme nous l'avons dit, des accidents ou des lésions qui équivalent à une rapide destruction ;

et pourtant ces efforts sont perdus, en grande partie, par la difficulté qu'éprouvent les chevaux à se tenir sur notre mauvais pavé. Le cheval hongre, aussi bien que l'entier, est soumis à ces influences destructives ; mais, comme il est moins ardent et moins fougueux, il donne à ses efforts plus de lenteur, et tout en entraînant la charge aussi vite que cela est nécessaire, il s'expose moins à ces sortes d'accidents.

Ces efforts, que les chevaux de travail des grandes villes sont obligés de faire pour se retenir au sol, sur un pavé glissant ou sur le macadam, devenu impraticable à la moindre gelée blanche ; ces efforts, qui ont pour résultat une dépense énorme de force, et sont une cause d'usure rapide, non-seulement ne permettent pas au cheval de déployer toute la force dynamique dont il est capable, mais encore nous empêchent de l'apprécier à sa juste valeur, et la cause de cette déperdition de forces sans profit, et celle de ces accidents maladifs qu'on appelle accidents de force majeure, tels que : déchirures internes, efforts de jarrets, de boulet, de tendons, hernies, chutes violentes sur le sol, couronnement ou blessures de genoux, etc. ; la cause principale, disons-nous, de tous ces accidents, mais elle est facile à saisir ; tout le monde la voit et l'observe, et chacun se dit que tous ces accidents pourraient être de beaucoup réduits si, par une plus large prévoyance dans les soins apportés à l'hygiène de nos animaux, la ferrure des chevaux obtenait une plus large part dans la juste répartition de ces mêmes soins.

Les nombreuses glissades que font les chevaux en se livrant à des efforts inouïs pour enlever une charge qui n'est pas, le plus souvent, au-dessus de leurs moyens, épuisant les forces en pure perte, n'ont d'autres causes que le mauvais état du sol et le mauvais état de la ferrure. Le sol ne peut être changé ; mais la ferrure peut recevoir plus de soins, ou des modifications appropriées au service demandé et à la nature de ce même sol. En France, il faut bien le dire, à la honte des gens qui se servent de chevaux, la ferrure est la chose dont on s'occupe le moins, et pour laquelle on regarde le plus à la dépense. On saura très-bien ne pas lésiner pour habiller le cheval d'un beau harnais, d'un collier enjolivé de brinborions ou d'une bride à cocardes et à queue de renard tombant au milieu du front ; mais on reculera devant une augmentation de frais pour le bon entretien de la ferrure, entretien qui consisterait tout simplement à renouveler, de temps en temps, les clous et à ne pas laisser les fers sous les pieds jusqu'à ce qu'ils fussent complétement usés ; car c'est à ce moment où le fer offre une surface toute plate, sans la moindre aspérité, que le cheval devra déployer beaucoup plus de force pour arriver à fixer son pied au sol, surtout sur notre pavé bombé et toujours un peu humide et gras. L'objection qu'on ne manquera pas de faire sera celle-ci : Pour la conservation de la corne, il est bon de ne pas mettre trop souvent de nouveaux clous. Soit ; mais en remplaçant quelques clous usés, de temps à autre à chaque pied, en ayant soin de mettre les nouveaux dans le trajet des anciens, on conservera à la corne toute son intégrité, et on permettra au cheval d'utiliser toute sa force d'une manière profitable pour nous, et sans fatigue inutile pour lui.

En Angleterre, en Allemagne, en Autriche, en Prusse et en Russie, les fers des chevaux sont, en toutes saisons, munis de forts crampons, qui permettent au cheval un déploiement moins grand de force musculaire pour enlever la charge qu'il a à traîner ; mais ces crampons élevés fatiguent les chevaux, faussent les aplombs, au repos comme en mouvement, et chez eux l'usure est très-rapide. Notre système de ferrure est préférable ; nous conservons au cheval la régularité de ses aplombs, et si nous consentions à bien entretenir la ferrure de nos animaux de travail, leur fatigue et leur usure seraient sensiblement retardées.

Depuis dix-huit mois environ, on fabrique à Paris des fers à cheval dont la partie inférieure, celle qui doit être en contact avec le sol, est formée par un rebord large de 1 centimètre environ et de hauteur variable, suivant le volume du pied et la force des animaux. Ce rebord, qui règne dans toute l'étendue de la circonférence du fer, se recourbe aux éponges, en forme de crochet, de manière à former autour du fer un véritable crampon continu, et fait corps avec la partie plane destinée à recevoir les étampures et à protéger la sole.

Ces fers sont en usage depuis trop peu de temps encore pour qu'il soit démontré aujourd'hui s'il y aurait avantage ou inconvénient à les admettre dans la pratique générale de la ferrure. Pourtant, pour rendre hommage à la vérité, nous devons dire que le but que s'est proposé l'inventeur de ce genre de fer est largement atteint. Frappé des efforts considérables que font les chevaux appelés à traîner des voitures pesamment chargées, et de la perte de force résultant de la difficulté de maintenir le pied à la place même où l'a posé le cheval pendant qu'il appuie avec force dans le collier; frappé aussi des chutes fréquentes au départ comme à l'arrêt, surtout lorsque ce dernier est un peu brusque, M. Peyschelle a cherché à confectionner un fer qui permette au cheval de prendre sur le sol un point d'appui solide et invariable sans être astreint à des efforts aussi grands. Sous ce rapport, le fer à rebord ou à crampon continu ne laisse absolument rien à désirer. Depuis plus d'une année, nous faisons, dans notre clientèle, un usage très-fréquent de ce mode de ferrure, et nous sommes forcé de dire que, dans bien des circonstances, nous le préférons au mode actuel.

Mais comme en toutes choses, et surtout en matière d'innovation, le juge le plus compétent est toujours le consommateur, nous citerons les paroles que nous avons invariablement recueillies des personnes dont les chevaux sont depuis longtemps déjà ferrés par ce dernier système : « Notre cheval tenait très-mal le pavé, il glissait constam-
« ment, tombait, et dans sa chute brisait harnais et brancards. Il
« s'appuyait fortement sur le mors et devenait difficile à conduire. Il
« rentrait en sueur, fatigué de faire des efforts pour entraîner la
« charge, ou pour éviter des chutes sur le sol. Toutes ces choses se
« produisaient à des degrés différents, suivant que le pavé était sec,
« un peu humide seulement, ou tout à fait mouillé par la pluie. Au-
« jourd'hui que ce même cheval est ferré avec des fers à crampons, il
« est bien plus facile à conduire, sa bouche est bien meilleure et plus
« fraîche; il ne butte jamais, va plus vite et se fatigue beaucoup
« moins. »

On peut ajouter que, muni de ces fers, le cheval peut, sans augmentation dans la dépense de force musculaire, entraîner un poids plus fort; et qu'en outre cette ferrure permet, aussi bien que celle qu'on emploie généralement, de conserver au cheval la régularité de ses aplombs, tout en lui donnant une très-grande sûreté de membres, qui nous permet d'utiliser à notre profit toute la force dont il peut disposer. Voilà pour les avantages.

Voyons maintenant les inconvénients que le peu d'expérience que nous en avons encore nous a permis de signaler :

A. Le rebord s'use vite. Cette ferrure dure peu de temps (un tiers moins que l'ordinaire), et si elle n'est pas renouvelée à temps, elle devient aussi plate et aussi glissante que celle employée aujourd'hui.

B. Le crampon continu ne permet pas de placer l'étampure sur le bord de la branche ; il en résulte qu'elles sont trop éloignées de ce bord et que le brochage des clous est rendu plus difficile.

C. La disposition de ce fer ne permet pas de lui donner beaucoup d'ajusture ; ce qui, pour certains pieds à soles sensibles, devient un inconvénient de premier ordre.

D. Les talons un peu bas sont difficilement soulagés avec ce fer, qui a partout la même épaisseur.

E. Enfin, il coûte un peu plus cher que le fer ordinaire.

Sans nous prononcer aujourd'hui d'une manière définitive sur la valeur de la ferrure à crampons continus, nous pensons qu'elle est appelée, sinon à remplacer la ferrure ordinaire, du moins à rendre de grands services pour certains chevaux qui tiennent mal le pavé et s'épuisent en faisant plus d'efforts qu'il n'en faut pour accomplir la tâche qui leur est imposée. En apportant à ces fers (ce qui sera facile) certaines modifications, qu'il serait superflu d'indiquer ici, ils pourront peut-être trouver un jour une application des plus utiles pour les chevaux de nos services publics de la capitale.

Mais revenons à notre sujet principal.

De la voie publique où le cheval est en mouvement, suivons-le dans le local qu'il habite pendant l'inaction, et là encore nous allons voir que le cheval hongre, contrairement au cheval entier, se comporte de façon à se conserver en état de santé, et à donner satisfaction aux intérêts engagés dans les entreprises dont le cheval forme la base principale comme valeur et comme instrument de travail.

Aussitôt que le cheval hongre est débarrassé de son harnais et conduit à l'écurie, il recherche la nourriture sans beaucoup s'occuper de ses voisins. Il mange et, dès qu'il est repu, il se repose. Le peu de mouvements auxquels il se livre à l'écurie concourt à la conservation de sa litière, et il trouve toujours sous lui un lit convenable, sur lequel il répare facilement les forces qu'il a épuisées pendant le travail.

En est-il de même du cheval entier ? Non. Quand celui-ci rentre à l'écurie, sa première occupation consiste à flairer et à taquiner le cheval de droite ou de gauche. S'il le trouve disposé à jouer ou à se battre, il ne se fera pas faute de l'y pousser par tous les moyens possibles ; de là ces coups de dents fréquents sur la tête, l'encolure et les épaules ; petits accidents sans gravité aucune, mais qui bien souvent nécessitent plusieurs jours d'interruption dans le travail, et font toujours naître chez lui la mauvaise habitude de mordre. De là aussi ces coups de pied si fréquents et si graves dans la région rotulienne et sur la partie antérieure du tibia ; chocs violents qui ont bien souvent pour résultats la fracture ou la fêlure de cet os, qui se brise tout à fait, si l'on n'a pas la précaution de maintenir le cheval à un repos absolu et dans une immobilité complète, pendant un laps de temps assez long, après cet accident.

Nous ne prétendons pas dire que rien de tout cela n'arrive dans une écurie de chevaux hongres ; seulement la fréquence en est moindre. En consultant les registres d'infirmerie d'une administration où chevaux hongres et entiers sont en nombre égal, on constate à l'article *blessures* la présence de neuf chevaux entiers pour un seul cheval hongre. Ceci est le résultat d'un relevé fait avec soin pendant plusieurs années.

Le cheval entier est plus haletant, plus essoufflé à la rentrée du travail, et a besoin d'un temps plus long pour récupérer ce calme dont les animaux, en général, ont besoin pour prendre leurs repas et surtout pour que cette nourriture leur soit profitable. Le mouvement continuel auquel se livre le cheval entier, à l'écurie, fait que la litière est toujours brisée et qu'il est couché sur un lit moins bon et moins épais que celui du cheval hongre.

On reproche, et cela bien à tort, au cheval hongre, la lenteur qu'il déploie pour prendre sa nourriture. Cette lenteur est un moyen de parfaite assimilation des aliments qu'on lui donne. Le cheval entier mange plus vite. On peut dire qu'il met à manger la même ardeur qu'à travailler; mais chez lui les aliments sont moins bien assimilés. Pour s'en convaincre, il suffit d'examiner avec un peu d'attention les excréments des uns et des autres. Dans ceux du cheval entier, et surtout de celui qui, travaillant beaucoup, est aussi obligé de prendre ses repas hors de l'écurie et le plus ordinairement de manger au sachet, on est frappé de la quantité de grains qui, en parcourant le tube intestinal, n'ont subi qu'un très-léger ramollissement et sont, par conséquent, perdus pour la nourriture et la réparation des forces dépensées. La cause de cette perte de grains est multiple. Indépendamment des lésions de la bouche ou des dents, qui peuvent nuire à leur écrasement, elle réside dans la façon dont le cheval entier mange, dans la précipitation qu'il met à faire entrer dans sa bouche tout ce qu'il peut saisir à la fois ; ce qui fait que beaucoup de grains passent dans l'estomac sans avoir été broyés par les dents molaires ; mais elle réside aussi dans la manière dont ce même grain est distribué ; car, suivant qu'on donne le repas d'avoine en petite ou en grande quantité à la fois, bien étalée dans le fond de la mangeoire, ou entassée dans un sachet pendu au nez du cheval, on augmente ou on diminue à volonté la faculté assimilatrice. Chez le cheval hongre, on trouve également des grains non broyés, et par conséquent non digérés, dans les excréments, mais alors en proportion moins grande que chez le cheval entier. Tout récemment, nous avons fait pendant plusieurs jours l'expérience suivante. Nous avons soumis au lavage, pour en extraire les grains non digérés, les excréments rendus pendant la nuit par des chevaux hongres et entiers, du même âge, de la même taille, soumis au même régime alimentaire, au même travail, et logés dans la même écurie. Cette expérience a donné les résultats suivants : le poids du grain non digéré et rendu pendant la nuit a toujours été de 30 à 40 grammes pour le cheval entier, et de 15 à 25 seulement pour le cheval hongre.

Chez le cheval qui reste longtemps dehors, et est par conséquent obligé de manger au sachet, la proportion de grains non digérés et rejetés au dehors est plus grande encore. Chez celui qu'on a la mauvaise habitude de faire boire aussitôt qu'il a terminé son repas d'avoine, on retrouve dans les excréments non-seulement tout le grain qui n'a pas été broyé par les dents molaires, mais encore celui qui n'a été que brisé par elles, et qui n'a pas séjourné assez de temps dans l'estomac pour subir l'influence du suc gastrique, entraîné qu'il est par le liquide que le cheval s'est ingurgité aussitôt après le repas.

Si, maintenant, nous envisageons les maladies nombreuses qui peuvent atteindre le cheval hongre et le cheval entier pendant le temps de service qu'ils doivent nous fournir ; si nous supputons les chances de pertes par suite de la mortalité des uns et des autres, nous verrons encore que l'avantage est du côté du cheval hongre, et que, pécuniairement parlant, si les exploitations importantes peuvent, comme nous en avons la certitude, obtenir de ce cheval un travail aussi bon et aussi rémunérateur que celui qu'elles obtiennent du cheval entier, elles agiront sagement en cherchant à utiliser celui qui leur donnera la plus grande somme de sécurité et de bénéfices.

Au début du service, à son arrivée à Paris ou dans toute autre grande ville, le jeune cheval, qu'il soit hongre ou entier, ne tarde pas à devenir un peu malade ; il est exceptionnel qu'il n'en soit pas ainsi. Bien que pour lui l'époque des gourmes soit passée, ou que celles-ci se soient comportées de façon à ne plus faire craindre leur retour, il n'en éprouve pas moins une véritable manifestation gourmeuse, qui se traduit par de la faiblesse, un peu de toux, un léger jetage par les naseaux, l'engorgement des ganglions de l'auge et quelquefois aussi leur transformation en foyer purulent. Tout cela est peu grave et inévitable ; mais encore cela entraîne-t-il une perte de temps, une interruption de quelques jours dans le travail ? Eh bien ! on constate, au moyen des registres d'entrée et de sortie des infirmeries d'une exploitation, que non-seulement le cheval hongre est moins sujet à ces réminiscences de gourmes, mais encore que le cheval entier est plus longtemps malade que le cheval hongre, chez lequel cette manifestation gourmeuse passe ou guérit rapidement, ce qui permet de le remettre plus vite en service.

Lorsque plus tard il s'agit de maladies plus sérieuses, telles que :

les affections des organes de la respiration, les inflammations intestinales, les coliques, les hernies, les paraplégies, si fréquentes chez nos
chevaux d'omnibus, le vertige essentiel et abdominal, les affections
du cœur et du péricarde, la gale, la morve, le farcin, les affections à
caractères typhoïdes, etc., on constate encore, au moyen des registres
d'infirmeries, que le cheval hongre est bien moins sujet à ces affections, et que, lorsqu'il en est atteint, il offre à la maladie plus de résistance; que chez lui les chances de guérison sont proportionnelle-
ment plus grandes que chez l'entier, et qu'en outre sa convalescence
est infiniment moins longue.

C'est surtout lorsque vient à se déclarer, dans un établissement de
quelque importance, une épizootie meurtrière, qu'on constate que le
cheval hongre est moins accessible à la maladie que l'entier. Ainsi, en
1852 et 1855, les services de Paris à Saint-Cloud et de la Jumelle,
services consistant à conduire la diligence la Jumelle de la rue du
Bouloi à Saint-Cyr, et *vice versâ*, ou à conduire les voitures omnibus
du même point de départ à Saint-Cloud, et cela au moyen de chevaux
entiers, de chevaux hongres et de juments en nombre à peu près égal
pour chaque variété ; dans ces services, disons-nous, et pendant les
mois chauds des années que nous venons d'indiquer, une épizootie
typhoïde très-meurtrière s'est déclarée sur les chevaux entiers et a
épargné les juments et les chevaux hongres : pourtant, les uns et les
autres étaient soumis au même régime alimentaire et au même travail.

En 1859, dans un autre service d'omnibus, composé de chevaux
hongres et entiers, se déclare en juillet une affection essentiellement
charbonneuse. La maladie fait promptement de nombreuses victimes.
Les plus beaux, les plus forts, les plus vigoureux chevaux entiers,
ceux qui paraissent les mieux portants, sont les premiers atteints par
le fléau, et meurent en quelques heures. Les chevaux hongres habi-
tant les mêmes écuries, vivant de la même vie, du même régime et
fournissant le même travail, sont épargnés. Sur dix-neuf cas de mortalité, un seul cheval hongre succombe.

Au mois de juin 1863, une épizootie typhoïde se déclare dans un
établissement où les chevaux entiers sont, il est vrai, en majorité. Pas

un cheval hongre n'est atteint ; la mortalité sévit seulement sur les entiers.

Un fait tout récent, qui s'est produit sur une assez vaste échelle, vient confirmer l'opinion que nous émettons, à savoir : Que le cheval hongre est, par sa nature, moins accessible à la maladie ; qu'il se fait plus vite à notre travail, et séjourne beaucoup moins que l'entier dans nos infirmeries.

Au mois d'avril 1863, le service de la poste aux lettres, service assez pénible et à grande vitesse, fait jusqu'à cette époque par des chevaux entiers très-forts et d'un excellent choix, passe des mains du maître de poste de Paris dans celles d'un de nos clients. Malgré nos conseils et nos exhortations, cinq jours avant la prise obligatoire du service, il n'y avait encore à l'effectif que sept chevaux. Ce n'est que le 31 mars, pendant la nuit, que les chevaux arrivent à Paris. Deux cents jeunes chevaux venaient d'être achetés, en trois ou quatre jours, en Normandie, en Bretagne, dans le Perche et dans les Ardennes : cinquante chevaux entiers et cent cinquante hongres environ. Dès le lendemain de leur arrivée, tous ces chevaux sont mis en service ; quelques-uns même sont attelés aux voitures de l'administration des postes en sortant du wagon qui vient de les amener de leur pays. Au quatrième jour du service, l'infirmerie contient déjà trente chevaux, dont vingt-sept entiers atteints de fourbures, de pleurésies, de pneumonies, de paralysies et d'inflammations intestinales. Quelques jours plus tard, soixante-dix chevaux hongres sont en pleine gourme, jettent abondamment par les naseaux, et ont, pour la plupart, des abcès des ganglions de l'auge. Ils restent dans les rangs et continuent le service. Pendant avril et mai, l'infirmerie a toujours compté de trente à quarante chevaux, sur lesquels les hongres n'y ont jamais dépassé le nombre cinq. Pendant ces deux mois aussi, le dépérissement de tous les chevaux entiers, même de ceux qui ont conservé la santé, a été considérable. Les chevaux hongres en gourme, et travaillant tous les jours, se sont maintenus, sinon gras, du moins dans un état d'embonpoint satisfaisant. Les pertes de ces deux mois se sont élevées à huit chevaux, tous entiers. Les coups de pied, inévitables au début d'un service et avec des chevaux qui ne se connaissent pas encore, ont été très-nombreux chez les chevaux entiers, presque nuls chez les chevaux hongres. Deux cas de fracture de l'os tibia ont eu lieu sur deux chevaux entiers. Deux cas de morve, après des gourmes négligées par suite des exigences du service, et cela encore sur deux chevaux entiers. Du reste, à présent, dans cette administration, où les chevaux hongres sont trois fois plus nombreux que les entiers, on constate toujours à l'infirmerie la présence de cinq à six chevaux entiers pour un seul cheval hongre.

Aujourd'hui, c'est-à-dire après huit mois de service, hongres et entiers sont admirables de santé et d'embonpoint ; ils font aussi bien les uns que les autres ce service, qui demande parfois beaucoup de vitesse. La force des chevaux hongres est reconnue très-largement suffisante pour donner satisfaction à toutes les parties du service. Ainsi, les plus lourds fourgons sont parfaitement conduits par de bons chevaux hongres ; et les omnibus des facteurs ne sont pas mieux desservis par deux entiers que par deux hongres.

Dans cette administration surtout, le cheval hongre doit être préféré, et nous nous félicitons d'avoir réussi à le faire adopter ; car, à certaines heures de la journée, il y a dans la cour des postes encombrement de monde et de voitures. Il y a là un va-et-vient continuel de public et d'employés, qui ne se peut guère concilier avec le bruit et l'indocilité du cheval entier stationné dans ces cours étroites, où fourgons, tilburys et voitures de facteurs sont pressés les uns contre les autres.

Les partisans absolus du cheval entier, et ils sont nombreux, disent, ce qui est vrai, qu'à l'époque de l'année où les chevaux prennent leur poil d'hiver, le cheval hongre, qui se couvre beaucoup plus que l'entier, entre en sueur plus facilement pendant le travail, et sèche très-lentement et très-difficilement, surtout si, pendant sa course, il a été exposé à la pluie : ce qui le rend mou et mauvais de service pendant une grande partie de l'hiver. Nous ne songerons pas un seul instant à contester ces assertions ; nous dirons, au contraire, que tous les jours l'expérience en démontre le bien-fondé. Mais nous ajouterons aussi que nous n'y attachons pas d'importance, attendu qu'il est démontré que le remède se trouve à côté du mal, et qu'il est extrêmement facile

de rendre les chevaux hongres aussi durs et aussi bons de service
pendant tout l'hiver que les chevaux entiers. Les effets immédiats et
même durables de la tonte sont aujourd'hui suffisamment connus et
appréciés pour qu'il soit inutile d'en faire ressortir ici tous les avantages. Ce serait d'ailleurs répéter ce qui a été dit cent fois par des
hommes parfaitement autorisés, et qui avaient pour eux la sanction de
l'expérience. Nous dirons seulement que le cheval hongre doit être
tondu en novembre ou décembre, au plus tard, ainsi que cela se pratique aujourd'hui dans presque toutes les administrations de voitures
ou de transports publics. A la suite de cette opération, nous voyons
chaque année les chevaux reprendre beaucoup de vigueur et d'embonpoint, et faire pendant tout l'hiver un excellent service. Nous étendons
même cette opération à tous ceux dont la santé n'est pas complétement rétablie, soit à la suite d'une maladie grave, ou d'une opération
chirurgicale dont les suites auraient épuisé les forces de l'animal.
L'expérience démontre chaque année, de la façon la plus palpable,
que les chevaux faibles, sans appétit, ou quelque peu anémiques, re-
couvrent après cette opération, et cela en très-peu de temps, tous les
signes de la santé, leur force et leur embonpoint primitifs. Toutes les
fonctions reprennent vite leur rhythme normal, et sous l'influence
de cette opération on voit le cheval souffreteux complétement trans-
formé.

Cette opération se pratique facilement dans tous les grands établissements par les hommes qui y sont employés. Elle est faite ordinairement par les palefreniers les plus intelligents, qui s'exercent volontiers
chaque année à ce travail. Elle est aussi bien faite que cela est nécessaire, et ne donne pas lieu à une dépense bien considérable, puisqu'il
n'est alloué qu'une somme de 3 francs par cheval. Cette allocation,
quoique très-minime, est suffisamment rémunératrice ; ce qui le
prouve, c'est que depuis longtemps déjà la mesure est appliquée dans
les grandes entreprises, et que jamais les hommes qui se livrent à ce
travail ne font défaut.

Nous avons dit, dans le cours de ce travail, que le cheval hongre, tel que nous devons le rechercher pour nos services publics, se rencontre aujourd'hui, aussi bon et aussi parfait que possible, dans plusieurs provinces de la France ; que la quantité seule nous fait défaut, et que son service équivaut largement à celui du cheval entier. Ceci est démontré depuis longtemps déjà, d'une façon expérimentale, pour certains établissements et pour certains services. Ainsi, par exemple, avec nos voitures de construction moderne, bien montées, mais lourdes et volumineuses, le service de Batignolles à la place de la Bastille s'est fait pendant quatre années avec moitié chevaux hongres et moitié entiers. Les premiers provenaient, en grande partie, des anciens services établis avant la fusion de toutes les entreprises particulières ; les autres étaient de forts et vigoureux chevaux entiers du même âge. Les uns et les autres se sont parfaitement acquittés de leur tâche. Il a été impossible de dire une seule fois, pendant ces quatre années, les entiers sont supérieurs aux hongres ; car ces derniers se sont maintenus dans un état de santé et d'embonpoint des plus remarquables pendant toute la durée de ce service.

La ligne de l'Odéon à Batignolles a été, pendant bien longtemps, desservie exclusivement par des chevaux hongres. Cette ligne est une des plus pénibles à parcourir, et pourtant ce service se faisait admirablement bien.

Sur bien d'autres parcours encore, l'administration des omnibus a introduit le cheval hongre, et partout et toujours les résultats ont été aussi heureux qu'on pouvait le désirer. Aussi sommes-nous persuadé que si cette entreprise pouvait se procurer facilement, et en assez grand nombre, le bon cheval hongre, elle ne tarderait pas à en introduire sur la plupart de ses lignes, et réserverait ses chevaux entiers pour les parcours les plus longs et offrant le plus de résistance à la traction, par suite de la nature du sol et des remaniements fréquents qu'on lui fait subir.

Si, par les moyens que nous avons indiqués et pour les raisons que nous avons fait valoir, on arrivait à substituer, pour les services publics ou pour les transports légers dans les grandes villes, le cheval hongre au cheval entier, il en ressortirait la possibilité d'utiliser concurremment la bonne et forte jument trotteuse. Cette dernière, assez recherchée par certains industriels, provient généralement, comme nos chevaux entiers, du Perche, de la Normandie ou de la Bretagne. Elle travaille bien et a autant de rusticité, sinon plus, que le cheval hongre. Elle s'entretient bien ; et sa force, quand sa taille est proportionnée au travail auquel on la destine, peut entrer en parallèle avec celle du cheval entier. L'objection principale, que ne manquent pas de faire les gens qui ne veulent que le cheval entier, consiste à dire qu'à certaines époques de l'année la jument éprouve des fureurs utérines qui nuisent à son travail, la rendent parfois difficile à conduire et dangereuse pour les personnes qui la gouvernent. Si cela peut être reconnu à peu près vrai pour la bête de luxe qui travaille peu, est bien nourrie et attelée à des voitures extrêmement légères, il n'en est pas de même de celles appelées à faire un service sérieux et même souvent pénible, tout en étant parfaitement soignées et nourries. Pendant près de dix ans, nous avons vu des lignes d'omnibus montées de bonnes et fortes juments, et rarement nous avons vu se produire ces accidents qu'on redoute au moment où les juments entrent en chaleur. Du reste, la fréquence des chaleurs est en raison inverse de la somme de travail demandé à la bête ; souvent même elles n'apparaissent point, ou sont tellement éphémères qu'elles passent inaperçues. Le service de la voie ferrée américaine de Paris à Boulogne, service fait aujourd'hui par de très-forts chevaux entiers, a été fait pendant longtemps par de fortes juments cauchoises et percheronnes. A cette époque, les voitures étaient d'une construction massive et mauvaise ; elles contenaient soixante-dix voyageurs. Aujourd'hui, elles sont plus légères, admirablement construites, et ne contiennent que quarante-quatre places. Ce service, disons-nous, était très-bien fait ; et les juments, jusqu'au jour où elles ont été supprimées, se sont maintenues dans un état de santé et d'embonpoint ne laissant rien à désirer. Le service des Jumelles, voitures omnibus desservant la ligne de Paris à Saint-Cloud, a été fait pendant douze ans avec de petites juments normandes et bretonnes, concurremment avec des chevaux hongres. Dans ce service, nous avons souvent remarqué des juments âgées de quinze à dix-huit ans, ayant environ de dix à douze ans de service, en très-bon état, bien conservées sur les membres, et faisant à grande vitesse le trajet que comporte cette ligne.

Si l'on voulait énumérer tous les services qui ont été faits, et bien faits, par des chevaux hongres et des juments avant la mode des chevaux entiers (et nous insistons sur le mot *mode*, parce qu'il est l'expression fidèle d'une habitude ou d'un besoin qui ne sont pas toujours justifiés pour les entreprises qui se servent aujourd'hui exclusivement du cheval entier); si l'on voulait sincèrement se rendre compte des avantages qui en sont résultés ; si l'on voulait se bien donner la peine de comparer le travail donné par le cheval hongre avec celui donné par l'entier, et tenir compte des avantages pécuniaires résultant de l'emploi des uns ou des autres, on arriverait facilement à conclure, comme nous le faisons : « Que la plupart des ser- « vices publics des grandes villes, ainsi que les transports à grande « vitesse, pourraient être faits par des chevaux hongres ; et que le « cheval entier devrait être réservé pour ceux d'entre eux qui de- « mandent une force et une vigueur qu'on ne dépense ni complète- « ment ni utilement aujourd'hui dans la majeure partie des exploita- « tions qui ne se servent que du cheval entier. »

En résumé, nous dirons que si, par un revirement qui n'est pas impossible dans l'esprit humain, la mode du cheval hongre revient à son tour; ou, mieux encore, si, par suite de démonstrations expérimentales bien faites et bien suivies, commerçants et industriels arrivent un jour à abjurer leurs erreurs en matière chevaline, ils retireront de l'emploi du bon et fort cheval émasculé à deux ans au plus tard et préparé en vue du service qu'il doit fournir, des avantages profitables à eux d'abord, puis au pays et aux grandes cités encombrées aujourd'hui de chevaux entiers, dont la force musculaire et la vigueur pourraient être dépensées plus utilement ailleurs. Ces avantages, nous les formulerons ainsi :

1° Prix d'achat moins élevé ;

2° Durée plus longue, usure moins rapide, renouvellement moins fréquent ;

3° Amélioration progressive de l'espèce chevaline en France, notamment de nos races de travail, par la diminution sensible d'un trop grand nombre de mauvais étalons ;

4° Dressage plus facile, mise en service plus rapprochée du moment de l'achat ;

5° Plus grande docilité à la voiture et dans les écuries ; service de ces dernières plus faciles. Le personnel moins exposé aux accidents ;

6° Sécurité plus grande sur la voie publique et pour les voyageurs ; conservation du matériel usé et détruit plus promptement par l'indocilité du cheval entier ;

7° Sobriété plus grande et assimilation plus parfaite des aliments ;

8° Service aussi bon et aussi régulier qu'avec le cheval entier, eu égard au poids et au volume des véhicules actuels ;

9° Chances moins grandes de mortalité, de maladies, de blessures et d'accidents de toutes sortes, par conséquent moins d'interruption dans le travail ;

10° Au moment de la mise à la réforme, le cheval hongre ayant travaillé autant de temps que l'entier, sera moins usé et se vendra plus cher ;

11° Les instincts génésiques étant nuls chez le cheval hongre, son emploi permettra aussi celui de juments qu'on ne destine pas à la reproduction, et qui, ainsi que le démontre l'expérience, sont très-aptes à tous les services publics et aux transports rapides qui se font dans les grandes villes.

31478.   PARIS. — Typographie de RENOU et MAULDE, rue de Rivoli, 144.